Bibliografische Information der Deutschen Nationalbibliothek:

Die Deutsche Bibliothek verzeichnet diese Publikation in der Deutschen National-
bibliografie; detaillierte bibliografische Daten sind im Internet über http://dnb.d-
nb.de/ abrufbar.

Dieses Werk sowie alle darin enthaltenen einzelnen Beiträge und Abbildungen
sind urheberrechtlich geschützt. Jede Verwertung, die nicht ausdrücklich vom
Urheberrechtsschutz zugelassen ist, bedarf der vorherigen Zustimmung des Verla-
ges. Das gilt insbesondere für Vervielfältigungen, Bearbeitungen, Übersetzungen,
Mikroverfilmungen, Auswertungen durch Datenbanken und für die Einspeicherung
und Verarbeitung in elektronische Systeme. Alle Rechte, auch die des auszugsweisen
Nachdrucks, der fotomechanischen Wiedergabe (einschließlich Mikrokopie) sowie
der Auswertung durch Datenbanken oder ähnliche Einrichtungen, vorbehalten.

Impressum:

Copyright © 2006 GRIN Verlag, Open Publishing GmbH
Druck und Bindung: Books on Demand GmbH, Norderstedt Germany
ISBN: 9783640593194

Dieses Buch bei GRIN:

http://www.grin.com/de/e-book/149160/unterrichtsstunde-die-zahl-pi

Florian Schwarze

Unterrichtsstunde: Die Zahl Pi

Einführung der Kreiszahl Pi

GRIN Verlag

GRIN - Your knowledge has value

Der GRIN Verlag publiziert seit 1998 wissenschaftliche Arbeiten von Studenten, Hochschullehrern und anderen Akademikern als eBook und gedrucktes Buch. Die Verlagswebsite www.grin.com ist die ideale Plattform zur Veröffentlichung von Hausarbeiten, Abschlussarbeiten, wissenschaftlichen Aufsätzen, Dissertationen und Fachbüchern.

Besuchen Sie uns im Internet:

http://www.grin.com/

http://www.facebook.com/grincom

http://www.twitter.com/grin_com

Universität Landau-Koblenz

Veranstaltung: Basiskurs

Semester: WS 2006/ 2007

Unterrichtsentwurf

für das Fach

Mathematik

Klassenstufe: 8

Hauptschule X.

Dauer der Unterrichtseinheit: 45 min

Thema: Einführung der Kreiszahl π

Gliederung

1. Sachanalyse
2. Didaktische Analyse
   2.1 Begründung der Lernaufgabe
   2.2 Bedeutsamkeit des Unterrichtsinhaltes
   2.3 Didaktische Reduktion
3. Voraussetzungen für den Unterricht
   3.1 Innere Voraussetzungen
   3.2 Äußere Voraussetzungen
4. Lernziele
   4.1 Ziel der Unterrichtseinheit
   4.2 Ziel der Unterrichtsstunde
   4.3 Feinziele
5. Methodische Überlegungen
   5.1 Einstiegsmöglichkeiten
   5.2 Artikulation
   5.3 Sozial- und Aktionsform
   5.4 Medien und Materialien
   5.5 Mögliche Schwierigkeiten
   5.6 Unterrichtsprinzipien
6. Geplanter Unterrichtsverlauf
7. Literaturverzeichnis
8. Anhang

1. Sachanalyse

Die Zahl π stellt eine wichtige Konstante in der Mathematik dar. Kaum eine andere mathematische Formel oder Zahl wird so erforscht wie die Zahl π.

Hauptbedeutung kommt der Zahl π bei der Errechnung des Umfangs und Flächeninhalt von Kreisen zu, weshalb sie auch als Kreiszahl bezeichnet wird. Hierbei ist das Verhältnis des Umfangs eines Kreises, egal welcher Größe, zu seinem Durchmesser immer konstant. Diese Konstante wird als π bezeichnet und ist eine irrationale Zahl, d.h. nicht als Bruch darstellbar und mit einer unendlichen Zahl von Nachkommastellen.

π sei hier mit einer überschaubaren Zahl von 15 Nachkommastellen dargestellt:

$$π = 3{,}141592653589793$$

Neben der Bedeutung zur Berechnung des Umfangs kommt der Kreiszahl weitere Aufgaben bei der Berechnung verschiedener geometrischer Körper zu:

- *Fläche eines Kreises mit Radius r:* $A = π r^2$

- Volumen einer Kugel mit Radius r: $V = \dfrac{4}{3} π r^3$

- Oberfläche einer Kugel mit Radius r: AO = 4πr2

- Volumen eines Zylinders mit Radius r und Höhe a: V = r2πa

Die mathematische Geschichte der Kreiszahl und ihrer annäherungsweise genauen Berechnung lässt sich grob in 3 Abschnitte unterteilen (vgl. Arndt/Haenel, S.160ff):

Zunächst versuchte ein gewisser Archimedes von Syrakus um 250 v. Chr. durch Einbeziehung von regelmäßigen Vielecken, die *um* einen Kreis passten und Vielecken, die *in* einen Kreis passten, sowie deren Umfang, eine Annäherung an die Zahl π von innen und von außen zu finden. Bei Vielecken mit 96 Seiten fand er eine untere Grenze von 3 10/71 (= 3,1408…), als obere Grenze fand er 3 1/7 (= 3,1428…). Mit dieser oberen Grenze, also mit 3 1/7 wurde jahrhundertelang gerechnet.

Mitte des 17.Jh. begann eine 300 Jahre anhaltende Phase, in der mit der Methode der arctan-Formeln (deren Erklärung hier zu weit gehen würde) zunächst bis zu 100 Nachkommastellen (per Hand), später (1973) über eine Million Nachkommastellen mit dem Computer errechnet wurden.

Die 3. und letzte Phase dauert seit etwa 1980 bis heute an. Durch Multiplikationsfunktionen und Hochleistungsalgorithmen, sowie der immer weitergehenden Entwicklung der Computer-Technologie geht die Jagd nach immer mehr Nachkommastellen weiter und weiter.

Der bisherige Rekord wird von einem japanischen Professor namens Yasumasa Kanada gehalten, der mit einem Hochleistungscomputer 1 241 100 000 000 (1,2 Billionen!) Nachkommastellen der Zahl π errechnet hat.

Die Kreiszahl strahlt offenbar eine eigene Faszination aus, denn immer mehr Rekorde werden in Zusammenhang mit π aufgestellt, und dann versucht wieder zu brechen. Beispielsweise hält ein Japaner seit 2005 den Rekord im Auswendiglernen von Nachkommastellen. Er hat es geschafft, 81431 (!) Nachkommastellen auswendig zu lernen. Für das Aufsagen benötigte er 9 Stunden. Der deutsche Rekord liegt bei 5555 Nachkommastellen.

2. Didaktische Analyse

2.1   Begründung der Lernaufgabe

Das Unterrichtsthema ist durch den Lehrplan Mathematik für die 8.Klasse vorgegeben.

Im Lehrplan wird das Thema der Kreiszahl π unter der Kategorie „Messen und Größen" geführt (vgl. Lehrplan für Mathematik, S.51) . Es wird gefordert, die Kreisformel experimentell zu ermitteln, einen funktionalen Zusammenhang herzustellen, sowie einen geschichtlichen Hintergrund zu geben. Des Weiteren sollen auch Kreisausschnitte berücksichtigt werden,

3

was allerdings in der vorliegenden Unterrichtseinheit aus Zeitgründen außen vor bleiben wird. Diese Erweiterung wird dann in der darauf folgenden Stunde behandelt

2.2 Gegenwartsbedeutung

Die Unterrichtseinheit soll die Schüler durch Entdecken auf die Zahl π bringen. Sie sollen deren Bedeutung für die Messung von Umfang und Durchmesser (und somit auch Radius) eines Kreises erkennen und behalten. Dies wird für die weitere schulische Laufbahn von großer Bedeutung sein, da π immer wieder Teil von weiterführenden Aufgaben im Mathematikunterricht sein wird, und auch einen wesentlichen Teil der folgenden Klassenarbeit einnehmen wird.

Die Arbeit in vorher festgelegten Gruppen soll das Sozialverhalten der Schüler stärken. Hierfür wurde bei der Festlegung der Gruppen darauf geachtet, dass potentielle Störenfriede nicht gemeinsam in einer Gruppe sind.

Zukunftsbedeutung

Das Berechnen von Kreisumfängen und Kreisdurchmessern ist eine Grundvoraussetzung für viele handwerkliche Berufe, sei es im kreativen Handwerk oder im Bauhandwerk. Es wird von den Schülern eine Grundkenntnis vorausgesetzt. Oft wird diese Kenntnis schon in Bewerbungstests überprüft.

Für den weiteren schulischen Weg hat das Thema ebenfalls eine starke Bedeutung, da in den folgenden Mathematikstunden immer wieder die Zahl π verwendet wird. Für Schüler, die nach der 9.Klasse die Mittlere Reife anstreben, wird die Zahl π auch noch für den Realschulabschluss wertvoll sein.

2.3 Didaktische Reduktion

Die Zahl π ist in der Wissenschaft ein Phänomen, das bisher schon ausführlich behandelt wurde und dem auch weiterhin viel Aufmerksamkeit zuteil wird. Da es viele verschiedene mathematische Methoden gibt, wie die Zahl und insbesondere ihre Nachkommstellen errechnet werden, ist das Thema relativ umfangreich und komplex.

Aufgrund der Lernersituation soll das Thema nur an der Oberfläche behandelt werden. Die Schüler sollen von der Existenz von π erfahren, einen kleinen geschichtlichen Hintergrund erhalten, und mit π Grundrechnungen der Geometrie durchführen können. Die Kreiszahl soll behandelt werden, weil sie auch für den Werdegang einiger Schüler von Bedeutung sein kann.

3. Voraussetzungen für den Unterricht

3.1 innere Voraussetzungen

Die Klasse 8b der Hauptschule X. ist keine einfache Klasse. Sie besteht aus 25 Schülern- 13 Mädchen und 12 Jungen. Besonders die Mädchen sind – dem Alter entsprechend - oft desorientiert.

Die Jungs sind mit 1-2 Ausnahmen sehr zugänglich und motiviert.

Das Leistungsgefüge innerhalb der Klasse entspricht auch dem sozialen Verhalten der Klassengemeinschaft. Die eher ruhigen Schüler sind in ihren Leistungen sehr solide, wohingegen die Störenfriede große Probleme aufweisen.

Es fällt schwer die Klasse zu erreichen. Speziell in Mathematik, hat ein Grossteil der Schüler Probleme, formal erklärte Sachverhalte zu verstehen und zu behalten. Aus diesem Grund sollte, wann immer es die zu behandelnde Thematik zulässt, auf Experimente zurückgegriffen werden, um die Schüler zu beschäftigen und zu fordern. Erfahrungsgemäß ist die Mitarbeit der Schüler in Ordnung, wenn sie einen Bezug zur praktischen Arbeit erhalten.

3.2 Äußere Voraussetzungen

Die Mathematikstunde findet in der 1.Stunde im Klassenraum der 8b statt. Der Klassenraum ist sehr großzügig aufgeteilt, sodass viel Sitzplatz zur Verfügung steht. Im Klassenraum stehen ein Projektor, ein Fernsehgerät, eine große Wandtafel mit Zubehör. Alle 25 Schüler sollten anwesend sein. Die Mädchen finden sich normalerweise zusammen , genauso wie die Jungen. In der 1. Stunde ist oft festzustellen, dass die Schüler noch recht müde wirken und erst aus ihrer Lethargie geholt werden müssen. Hierfür ist die beabsichtigte Gruppenarbeit geeignetes Mittel. Da viele Schüler noch nicht richtig „fit" sind, ist auch der Lärmpegel und das Stören einzelner noch nicht ganz so stark .

Durch Umstellen der Tischordnung entsteht eine angemessene Sitzordnung.

Die Experimentiermaterialien werden von der Lehrkraft mitgebracht, und den einzelnen Gruppen zugeteilt.

4. Lernziele

4.1 Ziele der Unterrichtseinheit

Die Schüler sollen die Zahl π durch experimentieren kennen lernen und Kreisberechnungen- insbesondere Kreisumfang und Kreisdurchmesser- durchführen können.

4.2 Ziele der Unterrichtstunde

Die Schüler sollen ersten Kontakt mit der Kreiszahl haben. Sie sollen sehen, wie die Kreiszahl aussieht und wissen das sie in Verbindung mit geometrischen Körpern benötigt wird. Erste Aufgaben sollen in Gruppen gelöst werden.

4.2.1 Sachkompetenz
- Die Schüler sollen durch Experimentieren selbständig herausfinden, dass der Umfang jedes Kreises etwa 3.1mal so groß ist wie der Durchmesser des Kreises.
- Die Schüler sollen diese Erkenntnis eigenständig formulieren können.

4.2.2 Methodenkompetenz

- Die Schüler sollen mit dem Maßband die Umfänge verschiedener runder Gegenstände, sowie deren Durchmesser messen. Diese beiden ermittelten Werte sollen in Verbindung zueinander gesetzt werden.

4.2.3 Sozialkompetenz

- Die Schüler sollen sich innerhalb der Gruppe sozial verhalten, und den einzelnen Gruppenmitgliedern Raum zur Entfaltung lassen. Jedes Gruppenmitglied soll seine Ideen äußern können.
- Die Schüler sollen selbständiges Arbeiten verinnerlichen.
- Die Schüler sollen innerhalb der Gruppe kommunizieren, mit dem Ziel, dass gewünschte Ergebnis zu erhalten.

5. Methodische - Überlegungen

5.1 Einstiegsmöglichkeiten

- Erste Überlegung ist, die Thematik durch reinen Frontalunterricht den Schülern vorzustellen. Aufgrund des nicht gerade schwierigen Stoffes wäre dies sicherlich auch möglich.

- Die zweite Überlegung ist, mit einer Textaufgabe zu starten, die die Schüler selbst auf die Problematik führen soll, dass man den Umfang eines Kreises benötigt und berechnen muss.

- Als dritte Einstiegsmöglichkeit bietet sich eine Gruppenarbeit an, bei der die Schüler in Kleingruppen selbst durch Experimentieren – und notfalls durch kleine Hilfestellungen des Lehrers- annähernd auf die Existenz einer Konstanten kommen sollen. Die Verfeinerung des Themas (geschichtliche Hintergründe, Phänomen der Nachkommastellen,…) wird dann gegen Ende der Stunde vom Lehrer durch Frontalunterricht vorgenommen.

Aufgrund der internen Voraussetzungen in der Klasse sollte möglichst die dritte Möglichkeit zur Hilfe genommen werden.

5.2 Artikulation

Das Vorgehen in der Unterrichtseinheit soll eng an die von Alois Roth formulierte Kategorie „Erkenntnisgewinnung" angelehnt sein.

Problemfassung: Methode zur Berechnung des Umfangs eines Kreises
Problemlösung: Durch experimentelles Handeln seitens der Schüler
Problemwertung: Ergebnisse präsentieren und verfeinern durch Lehrkraft
Festigung durch Anwendung: praxisnahe Übungsaufgaben zum Thema
Den Grossteil der Unterrichtsstunde nimmt der Teil „Problemlösung" ein, bei dem die Schüler eigenständig durch Messen und Experimentieren den Zusammenhang zwischen dem Umfang und dem Durchmesser erkennen sollen. Diese Phase bleibt weitgehend frei von Einwirkungen des Lehrers. Nur in Extremfällen, wenn eine Gruppe nicht weiterkommt, kann eine kleine Hilfestellung erfolgen.

5.3 Sozialform

Der Großteil der Stunde findet als Gruppenarbeit statt. Hierzu werden die Schüler in festgelegten Gruppen mit verschiedenen kreisförmigen Gegenständen experimentieren.

Nach der Gruppenarbeit übernimmt der Lehrer das Kommando, und eine Vertiefung des Stoffes erfolgt in Form von Frontalunterricht. Hierzu bleiben die Gruppen aber zusammen, um nicht unnötige Unruhe durch Umstellen der Stühle/Tische zu schaffen. Gruppenarbeit wird gewählt um den Schülern die Lethargie zu nehmen und sie zum gemeinsamen Arbeiten zu bringen.

5.4 Medien und Materialien

- Genutzt werden ein Overhead- Projektor um die geometrischen Formen für die Schüler sichtbar zu machen
- An der Tafel werden Kreisformen vom Lehrer gezeichnet um von ihm selbstgewählte Beispiele zu berechnen.

5.5 Mögliche Schwierigkeiten

(Evtl.): Einige Schüler können mit bestimmten Begriffen, wie Umfang oder Flächeninhalt, überhaupt nichts anfangen. Sie behaupten diese Begriffe zum ersten mal zu hören. Zusammen mit diesen Schülern erarbeite ich kurz und einsichtig die Problembegriffe, um mit ihnen zusammen die Stunde weiterführen zu können.

5.6 Unterrichtsprinzipien

Prinzip des exemplarischen Lernens:
Auch dieses Prinzip ist gegeben, da die Schüler durch die verschiedenen Materialien (kreisförmige Gegenstände in den verschiedensten Größen) erkennen, dass der Zusammenhang $U/d = \pi$ exemplarisch für alle Kreise gilt.

- Prinzip der Selbständigkeit der Schüler:
Diesem Prinzip kommt in dieser Stunde die Hauptaufgabe zu, da die Schüler weitgehend selbständig innerhalb ihrer Gruppe arbeiten sollen.

- Prinzip der Schülerangemessenheit:

Diesem Prinzip wird dadurch Rechnung getragen, dass das Thema wirklich auf das Minimum, das man wissen muss, beschränkt wird. Ziel ist es, die Grundlagen zu schaffen, um alters-, und schulgemäße Aufgaben rechnen zu können.

6. Geplanter Unterrichtsverlauf

Zeit	Phase	Geplantes Lehrerverhalten	Erwartetes Schülerverhalten	Medien/Organisation
Ca. 1 Min.	Begrüßung	Begrüßen der Schüler	Schüler stehen und begrüßen den Lehrer	
Ca. 4 Min.	Vorstellung des Themas	L: Heute werden wir den Zusammenhang zwischen dem Unfang eines Kreises und seinem Durchmesser kennen lernen. Hierfür bekommt ihr vorab eine Aufgabe ausgeteilt, die ihr am Ende der Stunde lösen können sollt. Vorm Austeilen projiziert der Lehrer die Aufgabe an die Wand, liest sie kurz vor, und bittet die Schüler das Aufgabenblatt nach Erhalt zur Seite zu legen	Schüler hören zu, und nehmen das Arbeitsblatt 1 in Empfang und packen es weg.	Overhead + Folie Tafelbilder
Ca. 10 Min.	Erklären des weiteren Vorgehens und Einteilung der Gruppen	Lehrer benennt 5 Gruppen, 3 x 5er und 2 x 4er Gruppen, die sofort ihre Tische aneinander stellen. Nach der Gruppeneinteilung bittet der Lehrer je ein Gruppenmitglied nach vorne und übergibt ihm/ihr 4 runde Gegenstände (z.B. Schallplatte, CD, Reifen,…), ein Maßband sowie ein Aufgabenblatt für jedes Gruppenmitglied (A2). L: Lest euch das	Schüler stellen ihre Tische für die Gruppenarbeit zusammen Schüler/in holt Gegenstände und Aufgabe ab	Arbeitsmaterial: Verschiedene runde Gegenstände mit unterschiedlichen Durchmessern, ein Maßband je Gruppe, 1 Aufgabenblatt A2 je Schüler

		Aufgabenblatt durch und tragt die Gegenstände in die Tabelle ein. Versucht dann einen Zusammenhang zwischen dem Durchmesser und dem Umfang herzustellen, indem ihr die vorgegebenen Spalten in der Tabelle ausfüllt.		
Ca. 15 Min.	Arbeitszeit	Lehrer hält sich überwiegend aus der Arbeit heraus, und liefert nur notfalls kleine Hilfestellungen	Schüler arbeiten selbständig (messen, rechnen, schreiben)	Gruppenarbeit (Lehrer lässt Schüler weitgehend selbständig arbeiten)
Ca. 5 Min.	Vorstellen der Ergebnisse	L: Aus jeder Gruppe stellt ein Schüler das Ergebnis der Gruppe an der Tafel anhand eines ausgewählten Beispiels vor. Lehrer bestimmt aus jeder Gruppe eine(n) Schüler/in.	Schüler stellen ihr Ergebnis kurz vor.	Eintragen der Ergebnisse auf Folie mit der Tabelle des Arbeitsblattes 2.
Ca.9 Min.	Besprechung der Ergebnisse durch den Lehrer	Lehrer fasst Ergebnis noch einmal zusammen und bringt die Zahl π ins Gespräch, als jene Zahl, die den Zusammenhang zwischen Durchmesser und Umfang beschreibt. Lehrer schreibt Formel für den Umfang an die Tafel, Schüler sollen diesen in ihr Heft abschreiben. Er erklärt zum Abschluss dass die Zahl π unendlich viele Stellen nach dem Komma hat, und wirft dazu eine Folie an die Wand, die 3000 Nachkommastellen aufzeigt (A4). Lehrer erklärt, dass bisher 1,2 Billionen Nachkommastellen errechnet wurden (bringt Zusammenhang mit der Folie)	Schüler hören dem Lehrer zu. Schüler schreiben Tafelanschrift (A3) ab.	Anschrift an die Tafel (A3) Folie (A4)

Ca.1 Min.	Hausaufgabe und Verabschiedung	Lehrer gibt das anfangs ausgegebene Arbeitsblatt A1 als Hausaufgabe auf, und erinnert daran, dass man zur Lösung die Formel anwenden muss. Lehrer verabschiedet Schüler.	Schüler notieren sich HA in ihr Hausaufgabenheft Schüler verabschieden den Lehrer.	

7. Literaturverzeichnis

Arndt, J., Haenel, C.(2000). Π Algorithmen, Computer, Arithmetik. Berlin, Heidelberg, New York: Springer Verlag.

Delahaye, J.P. (1999). Π, die Story. Basel: Birkhäuser Verlag.

Ministerium für Bildung, Frauen und Jugend, Mainz (Hrsg.). Lehrplan Mathematik (Klassenstufen 5-9/10). Stand: Juli 2006.

8. Anhang

Bsp. Tafelbild bzw. Bild auf einer Folie

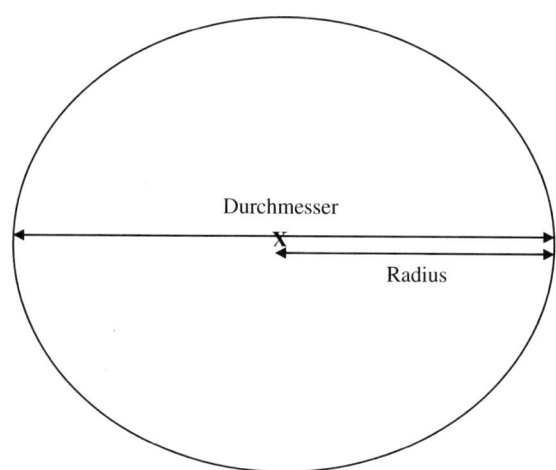

Tafelanschrift

Der Umfang eines Kreises ist etwa 3,14 mal so groß, wie sein Durchmesser.
Die gerundete Zahl 3,14 wird als **π** **(gesprochen PI)** bezeichnet, oder als **Kreiszahl**.

Also kann man sagen: $U = d * \pi$

Ebenso kann man durch Umstellen den Durchmesser bestimmen, wenn man den Umfang weiß.

A2

Arbeitsblatt

Versucht in Gruppenarbeit eure Gegenstände zu vermessen, und die Ergebnisse in die Tabelle einzutragen. Was fällt euch auf, wenn ihr fertig seid, und die letzte Spalte betrachtet? Ein Gruppenmitglied, wird das Ergebnis der Gruppe dann kurz der Klasse vorstellen.

Gegenstand	Durchmesser d	Umfang U	U/d

Hilfe: Unter der nachfolgenden Zeichnung findet ihr die Begriffe erklärt.

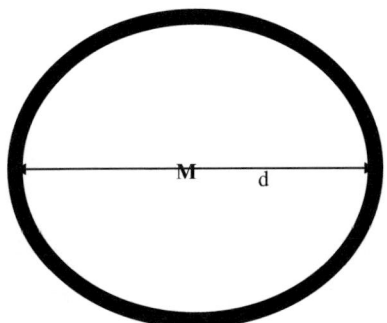

M= Mittelpunkt des Kreises
d = Durchmesser des Kreises (Abstand von einer Seite des Kreises zur anderen durch M)
U = Umfang des Kreises (die Länge eines Maßbandes, dass man einmal komplett um den Kreis legen kann)